U0198909

冬季的科学

[阿] 瓦莱里娅 · 埃德尔斯坦 / 文
[阿] 哈维尔 · 勒布尔森 / 绘
涂小玲 / 译

人民东方出版传媒
People's Oriental Publishing & Media
東方出版社
The Oriental Press

图字：01-2019-2809

图书在版编目（CIP）数据

冬季的科学 /（阿根廷）瓦莱里娅 · 埃德尔斯坦著；（阿根廷）哈维尔 · 勒布尔森绘；涂小玲译 .— 北京：东方出版社，2019.8
（四季的科学）
书名原文：Science for Winter Months
ISBN 978-7-5207-1045-9

Ⅰ . ①冬… Ⅱ . ①瓦… ②哈… ③涂… Ⅲ . ①季节—青少年读物 Ⅳ . ① P193-49

中国版本图书馆 CIP 数据核字（2019）第 109259 号

冬季的科学

（DONGJI DE KEXUE）

［阿］瓦莱里娅 · 埃德尔斯坦 / 文
［阿］哈维尔 · 勒布尔森 / 绘　涂小玲 / 译

策　　划：鲁艳芳　张　琼
责任编辑：杨朝霞
装帧设计：飛鸟装帧设计
出　　版：東方出版社
发　　行：人民东方出版传媒有限公司
地　　址：北京市朝阳区西坝河北里 51 号
邮政编码：100028
印　　刷：北京彩和坊印刷有限公司
版　　次：2019 年 8 月第 1 版
印　　次：2019 年 8 月北京第 1 次印刷
开　　本：889 毫米 x 1092 毫米　1/20
印　　张：2.6
字　　数：85 千字
书　　号：ISBN 978-7-5207-1045-9
定　　价：35.00 元
发行电话：（010）85924663　85924644　85924641

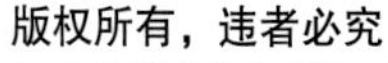

欢迎你，冬天！

一年中最寒冷的季节已经到来，白天变短而夜晚变长。它夹在秋天和春天之间。它的到来意味着要从箱底翻出大衣和手套，晚上要把自己裹得严严实实只露出半张脸，呼出的气会形成白雾。你冻得瑟瑟发抖，只有走进房子感受到火炉的温暖时，才会摘下围巾。这是一个爱打喷嚏，会流绿色鼻涕，会起鸡皮疙瘩和冻红鼻子的季节。

当然了，也是时候要问你一大堆关于冬天的问题啦！你准备好了吗？

一起来玩吧！

目录

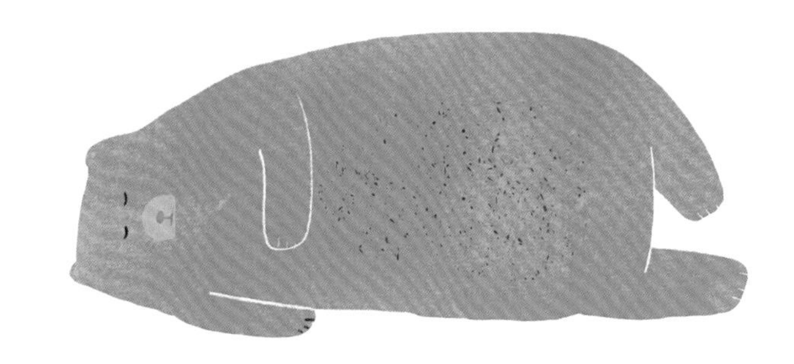

你如何知道冬天来了？

如果你能从太空看地球，你会发现它围绕太阳转动的路径不是一个正圆，而是一个椭圆。另外，你还会注意到它的轴（你可以把这根轴想象成一根穿过地球两极的棍子），歪在那里，并且整个行程中都会保持相同的倾斜角度。由于这些特性，地球的北半球和南半球“面对”太阳的时间在一年里会不断发生变化，白天和黑夜的长度也不是固定的。出于同样的原因，阳光照射到南北半球的方向也各不相同。有时候北极朝向太阳倾斜（6 月左右），更加直接地接收阳光照射；有时候则是南极倾向太阳方向（12 月左右）。这导致南北半球一年中以不同的方式获得太阳的温暖，于是季节产生了。

6 月 21 日前后，地球会经过椭圆轨道的两个端点之一。这个特定的时刻就是南半球的冬至，此时，南半球会转到背离太阳最远的位置。那一天是一年中夜晚最长而白天最短的一天，也就是说在那一天，冬季开始了。①

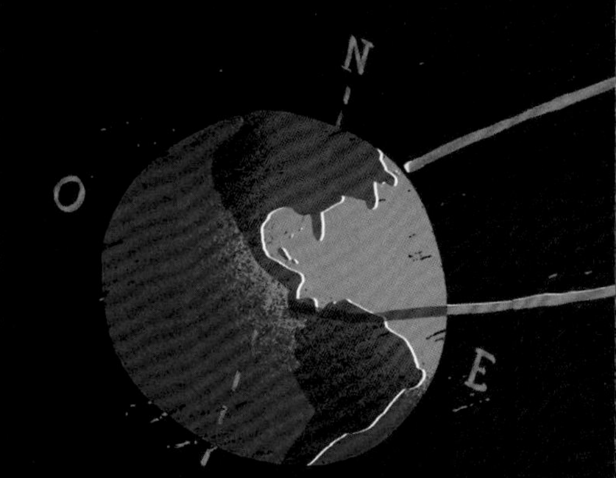

译者注

①作者所在的国家阿根廷位于南半球，季节和我们所处的北半球正好相反。所以，6 月 21 日前后阿根廷迎来了冬至，而我们在过夏至，是反过来的。夏至这一天是白天最长、夜晚最短的一天。

冬天从哪天开始？

你知道吗？每年的冬天不是从同一天开始的。地球围绕太阳转一周需要 365 天零 6 小时。由于一年设定为 365 天，实际上真正的新年会推迟 6 个小时到来。因为这 6 小时的误差，每四年需要将日历增加一天来更正，这就是 2 月 29 日。

这一误差导致了南半球的冬至有时候发生在 6 月 20 日，有时候则发生在 21 日。

趣闻

印加人举办太阳节来庆祝冬至。太阳节是印加帝国最重大的节日，这一天标志着新一年的开始。天不亮，包括皇帝在内的所有人都聚集在库斯科广场翘首以待，日出之时开始举行庆典。

你的身体如何知道天气冷了？

首先你要知道你是**恒温动物**。这意味着无论外界温度如何（当然有一定限度），你都可以调节体温，使它保持在36.5℃—37.5℃之间。

你的恒温器位于**下丘脑**。下丘脑是大脑的一部分，负责接收和解释来自身体各个温度传感器的信息。根据这些信息，你的下丘脑启动一系列调节机制，当体温升高时帮助散热，当体温降低时帮助保温。

什么是温度?

你知道吗？温度是衡量物体内部能量的一个标准。体内能量越多，温度越高。两个温度不同的物体相互接触后，能量会从高温物体向低温物体转移，直到温度达到均衡。因此，你觉得窗玻璃很冷，不仅是因为它的温度低于你手的温度，还因为你触摸它时，你把能量从你的身体转移到了玻璃上，转移的速度越快，你会觉得玻璃越冷。

趣闻

你有没有注意过，在寒冷的日子里，如果风很大，你会觉得更冷。我们使用体感温度衡量这种感觉，它的计算考虑了湿度、风力，当然还有温度。

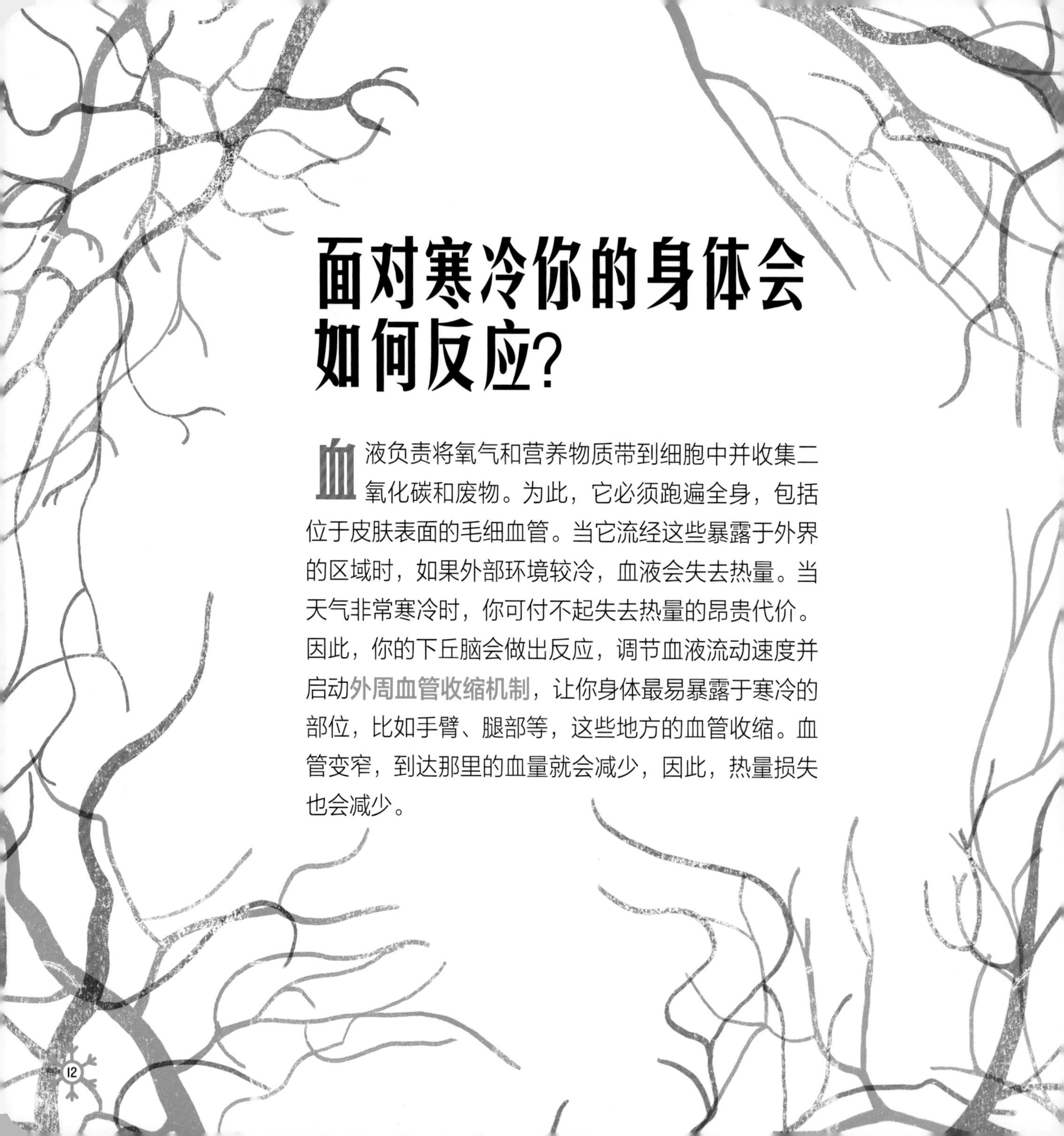

面对寒冷你的身体会如何反应?

血液负责将氧气和营养物质带到细胞中并收集二氧化碳和废物。为此，它必须跑遍全身，包括位于皮肤表面的毛细血管。当它流经这些暴露于外界的区域时，如果外部环境较冷，血液会失去热量。当天气非常寒冷时，你可付不起失去热量的昂贵代价。因此，你的下丘脑会做出反应，调节血液流动速度并启动**外周血管收缩机制**，让你身体最易暴露于寒冷的部位，比如手臂、腿部等，这些地方的血管收缩。血管变窄，到达那里的血量就会减少，因此，热量损失也会减少。

我们知道，寒冷刺激会激发身体的反应。其实，很多物质，比如铁，在低温环境下也会收缩。正是由于这个原因，埃菲尔铁塔在冬季会缩小几厘米。

为什么你要穿大衣?

当你从衣柜里取出一件大衣时，挂它的衣架可不是热的，这说明大衣本身不会发热。实际上，大衣与任何一块致密的布料没有区别，只是充当你身体和外部环境之间的一道屏障，防止身体热量的流失，所以穿上它你会觉得暖和。

为什么天一冷你会想尿尿？

你体内的血液总量几乎总是保持同一水平。当天气变冷发生外周血管收缩时，血液的循环空间就会变小，结果动脉压力就增大了，从而导致更多的血液抵达制造尿液的肾脏。尿液主要来自血液里的水分，越多的血液循环通过肾脏，产生的尿液就越多。另外，寒冷会抑制你的身体用于储存水分的某些机能。所以当大幅降温时，你会更想尿尿。这种现象称为**寒冷性利尿**。

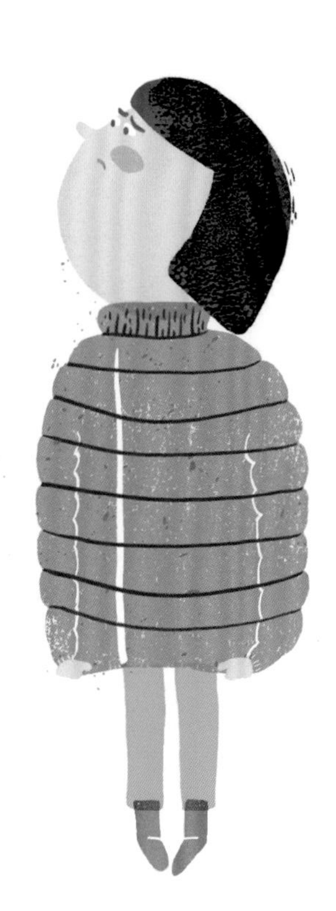

你怎么知道该去洗手间了？

膀胱是一个中空的肌肉器官，形状像一个气球。随着尿液的增加，它会膨胀起来，膀胱壁上的神经末梢就向大脑发出信息，表明是时候该去洗手间了。一旦到了洗手间，膀胱壁收缩，就排出了小便。

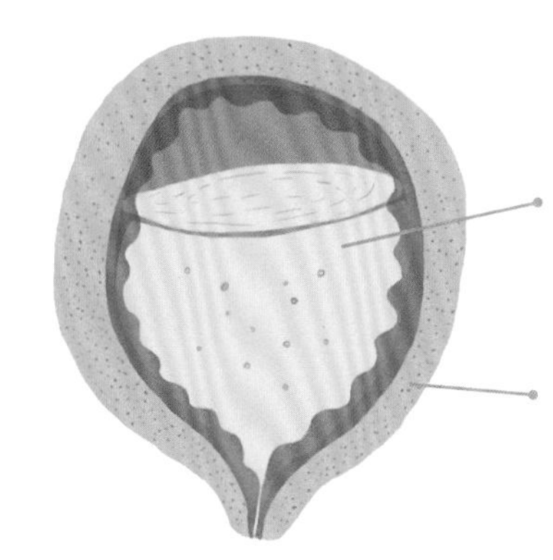

趣闻

你知道吗？一项研究发现，几乎所有体重超过 1 千克的哺乳动物都需要大约 20 秒的时间完成排尿。比如，一头大象需要 22 秒排出 160 升尿液，而一只大型狗则需要 24 秒的时间排出 1.5 升尿液。下次你去卫生间的时候，带上一块秒表吧！

为什么你会起鸡皮疙瘩？

如果仔细观察你的手臂，你会发现覆盖它的汗毛几乎与皮肤平行，好像靠在皮肤上一样。然而当你觉得冷的时候，非常奇怪的事情发生了：出现了鸡皮疙瘩，汗毛立起来了！这是怎么发生的呢？每根汗毛的根部都连着一块小小的肌肉，会受到大脑的指令收缩。此时，毛囊周围会形成一个小凸起，汗毛直立起来和皮肤几乎垂直。这种无意识的反射称为**竖毛反射**，它遗传自我们多毛的亲戚。

我们的祖先毛发竖起时，一部分空气会被这些直立的毛发抓住。由于空气导热性差，于是形成了厚厚的隔热层，从而减少热量流向外部并保持体温。尽管我们已经没有了浓密的毛发，然而这种机能受到下丘脑的调节，在低温环境下还是会被激活。

趣闻

竖毛反射俗称“起鸡皮疙瘩”，这是因为它会让我们联想起拔光毛的鸡皮。你也许会感到奇怪，在你祖父母或是更早的年代，鸡都是带毛出售的，在做成菜之前必须先拔毛，就成了这种“鸡皮”的模样。那些最顽固难以拔出的鸡毛连同鸡一起送进烤炉，散发出一股难闻的气味。

只有感觉冷的时候，才会起鸡皮疙瘩吗?

你一定见过猫遇到狗时，背毛乍起的样子。这与寒冷没有一丁点儿关系，而是因为害怕。许多哺乳动物这种无意识的生物反应使它们看起来体形更大、更加强壮，以此来吓唬它们的对手。

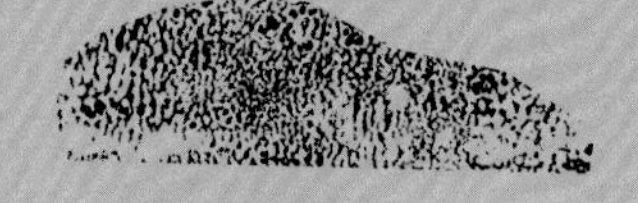

为什么你会打冷战?

你是否注意过，当你感到非常冷的时候，你的身体会打冷战，试图通过这种活动让冷的感觉消失？为什么我们管体育运动开始前的准备活动叫“热身”？那是因为活动是帮助我们身体产生热量的另一种方法。

因此，当天气非常寒冷，你的体温随之下降1—2度时，你就会开始发抖。发抖是肌肉的快速运动（收缩和放松），用来产生热量。牙齿打战“咯咯咯咯……”是因为同样的目的而发生的头部肌肉群的颤动。

然而，这种方法工作效率不高，因为你颤抖的同时需要消耗大量能量。所以只有你不能以其他方式产生足够热量的时候，它通常才会出现。

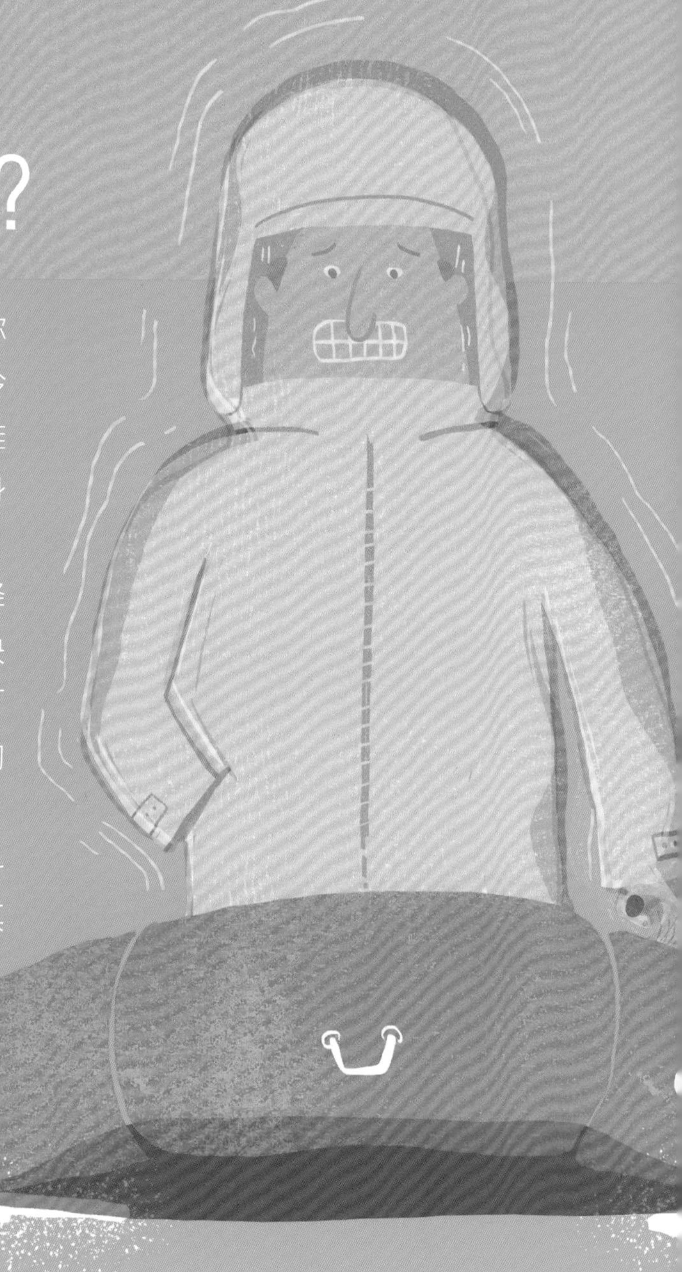

趣闻

1983 年 7 月 21 日，在南极洲的俄罗斯沃斯托克观测站记录到地球的最低温度：-89.2°C！在那个地方任你怎么抖都不管用……

你发烧时，为什么会发抖？

当你发烧的时候，有时会控制不了自己发抖。这可有些奇怪，因为你的体温升高了，应该感觉热而不是冷啊，这究竟是怎么回事？原来，许多病毒和细菌会产生一种被称为热原的物质。当这些入侵者进入你的身体时，热原会让你体内恒温器的标准调整到比平常更高的值（比如，从 36.5℃升到 38.5℃）。为了达到这一新的温度，身体会启动产生热量的机制，如不由自主地发抖。这和你打冷战时的情况一样！

为什么你会鼻子红？

在冬天，进入你鼻子的空气的温度低于你身体内部的温度，外部环境越冷，这种温差越大，因此要在空气抵达肺之前给它加热。另外，空气很快就会通过鼻子，这就要求加热必须高效。

血液是人体内的主要运输工具，因此提高鼻腔温度的一个好方法就是增加这个区域的血液循环，这样空气就会以适宜的温度进入肺部。鼻子里有了更多的血，这就是天冷时你的鼻子会变红的原因。

趣闻

加热空气可不是人类特有的能力。驯鹿和很多其他生活在寒冷地区的动物，鼻子永远是红的，因为它们的鼻子里有着极为丰富的血管。

为什么伤口是红色的？

你不小心划破或擦伤皮肤后出现的情形，看上去与红鼻子相似，实际却不同。当你受伤的时候，你的身体组织试图向伤口部位输送负责凝血的**血小板**来阻止流血。由于血小板要随血液流动，因此要增加伤口区域的血液循环，这就使得伤口看起来发红并且感觉有点儿热热的。

黏液是好还是坏？

我们每个人都要分泌黏液，就在此时此地，无论春夏秋冬，黏液都在不停地流。女王、足球运动员、摇滚歌手、诺贝尔奖得主，等等，无一例外地也都要分泌黏液。黏液与气候无关，它是“非常有利健康”的分泌物。黏液分几种类型，各自有不同的功能：现在，你的肺正在产生黏液，以防止脱水；你的胃，也在分泌黏液，保护自己不被胃酸（一种很强的酸）腐蚀；你的食道分泌的黏液是很好的润滑剂，有它你才不会被鸡胸肉卡到而窒息……此外还有很多很多种黏液！

“最有名”的黏液当属鼻腔里的鼻涕，它起着过滤器的作用，能够捕捉空气中飘浮的灰尘、花粉、细菌和其他杂质，防止它们进入肺部。另外，它们还起到润滑和清洁鼻黏膜，以及湿润和加热空气的作用。

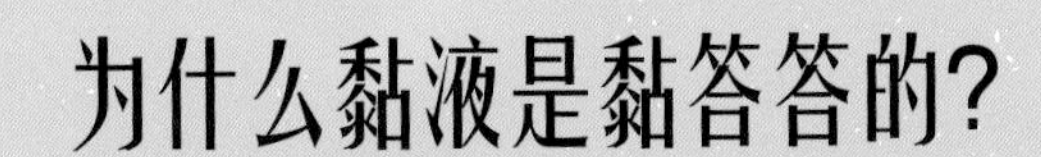

为什么黏液是黏答答的?

虽然黏液 95% 的成分是水，但它们还是很黏稠。这种特性的关键在于它们所含的一种成分——**黏蛋白**。黏蛋白能够形成凝胶。这些蛋白质相互交叉、相互作用，形成了能够“锁住”水分的网络，并赋予黏液黏稠的特性。

趣闻

蜗牛和蛞蝓（鼻涕虫）也会分泌黏液，这样它们移动起来会更加容易。下次你再遇到它们，可以跟着黏液的痕迹追踪它们！

为什么有时候鼻涕是绿色的？

感冒初期，从你的鼻子不断滴下半透明的“清鼻涕”。随着病情发展，鼻涕逐渐变了颜色。它们从淡黄色变成黄绿色，最后发展为深绿色。这是为什么呢？

目前（这么说因为这一点可能会改变，就像一切科学一样），科学家认为鼻涕的颜色是防御细胞和想要你生病的侵略者之间发生战斗的结果。如果比喻成一部动作电影，你的**白细胞**就是“好人”，它们与病毒和细菌对抗，消灭这些“坏人”。还有一些“好人”——中性粒细胞，会“吃掉”（科学家们称之为“吞噬”）遇到的侵略者。要做到这一点，它们需要几种工具，其中的一些需要**铁**才能发挥作用。战斗达到高潮时，双方都会有伤亡，这时候由鼻涕构成的黏稠的战场上充满了细胞和细菌的尸体、铁还有其他东西。大量的铁使鼻涕呈现出醒目的绿色。所以，随着感冒的发展，鼻涕的颜色会越来越绿。

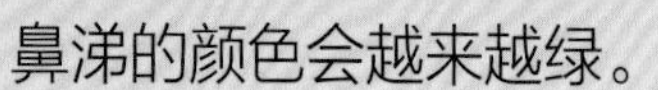

为什么鼻涕会变稠?

身体抵抗感染的时候，鼻涕不仅会变色，还会变稠。这是因为越来越多的白细胞来到鼻腔，改变了鼻涕的质地。

趣闻

医学上把手指塞进鼻子的行为叫挖鼻孔。而表示一个人总喜欢抠鼻子的科学叫法是挖鼻强迫症。你强迫到什么程度了?

为什么冬天你更容易生病？

对于病毒来说，冬天是理想的季节，病毒是这个季节几种传染性最强疾病的病因。虽然科学家们无法肯定地回答为什么冬天你会更容易生病，但是他们掌握了几种假设。一方面，天气寒冷、湿度很小的时候，鼻涕会变干甚至变硬，这样它们作为防御屏障的能力降低了，病毒就更容易侵入你的身体。

另外，冬天你会长时间待在家里、教室或其他室内场所。大家都这样做。人群聚集取暖，同时门窗紧闭，这就为病毒传播提供了理想的环境，方便了疾病的传播。

你是怎么被传染上的?

很多病毒是在空气中随着说话、喷嚏、咳嗽喷出的飞沫传播的。还有一些病毒通过接触被感染的物体表面传播，比如和一个刚抹过鼻子的人握手或者触摸公共交通工具上的扶手。因此，必须勤洗手，而且要洗 20 秒以上。即使肥皂不能摧毁病毒，洗手也可以让你洗掉藏有大部分病毒的油脂和脏东西。

趣闻

你打喷嚏时排出的气流平均速度可以达到 110 千米 / 小时，和地球上最快的动物猎豹的奔跑速度相当。

流感和寒冷有什么关系?

在冬季干冷的空气里，某些病毒（比如流感病毒）会更为稳定，并能长时间保持活跃。这个优点得益于病毒表面包裹的一层特殊的包膜——脂肪膜。它保护着病毒，等进入人体 37℃的理想环境中，就会溶解，释放病毒。

在学术媒体中，流感通常被称为流行性感冒 (influenza)。这个单词源于意大利语。一些历史学家认为这个词在 18 世纪中期开始被使用，是 influenza di freddo 的简写，意思是“寒冷的影响”。

流感和普通感冒一样吗？

流感和感冒不是一种病。流感是由流感病毒引起的感染，分为甲（A）、乙（B）、丙（C）三型。而普通感冒则可能由 200 多种不同的病毒引起，主要是鼻病毒和冠状病毒。

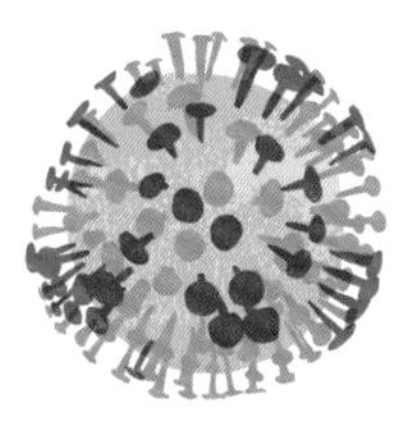

流感病毒

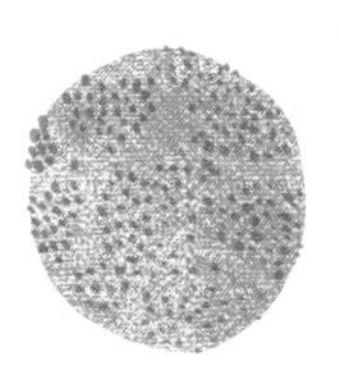

鼻病毒

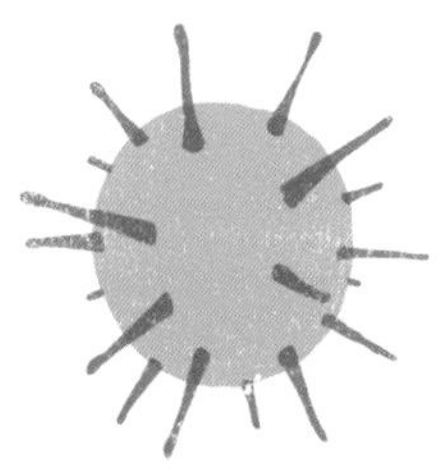

冠状病毒

趣闻

1918 年，流感是人类历史上最致命的一次传染病。它发生在全球范围内，造成约 5 亿人感染以及至少 5000 万人死亡。

为什么食物在低温下能更好地保存?

如果你把一块面包落在了面包篮子里，它很快就会发霉。如果你在冰箱外面放一个橙子，几天后它会变软、变味。发生这种情况是因为食物容易腐烂，也就是说，如果它们没有通过特定方法保存的话，会迅速变质分解。之所以这样，是因为它们暴露于光线和空气中，再加上潮湿和高温，细菌、真菌和其他**微生物**很容易生长，食物就会迅速分解变质。

寒冷是我们储存食物时的好朋友，因为它会部分或完全抑制破坏食物变质的过程。很多微生物生存和繁殖的理想温度都在 37 ℃左右，如果温度降低，它们繁殖的速度也会降低。当冰箱在 4℃的条件下，微生物的新陈代谢会变得非常缓慢；当达到 −18℃的冷冻室温度时，微生物就几乎停止生长了。

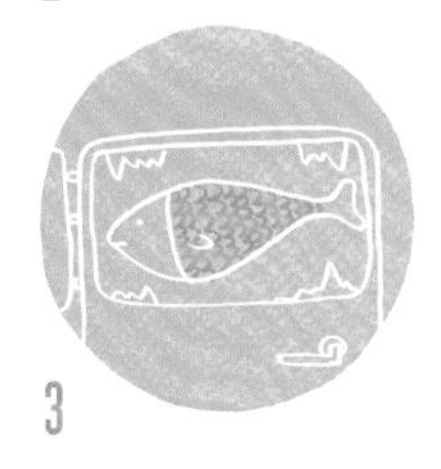

为什么解冻过的食物不宜再次冷冻？

冷冻食物解冻后，它的温度会上升，同时食物里微生物会迅速恢复活性。重新冷冻后，微生物的活性会再次降低，但食物里微生物的数量已经大大增加，食物变质风险加大。解冻后，只有把食物煮熟才能再次冷冻，因为高温烹煮能够急剧减少微生物的数量。

趣闻

电冰箱发明前，人们用盐来保存食物，尤其会应用在长途船运中。这种储存方法非常有效，因为很咸的环境会让大部分微生物脱水。

物质能冷到什么程度?

如果你的视力可以加强，并且非常非常近地观察一个物体，你会发现它是由许多连续运动（旋转和振动）的微粒构成的。

这样的运动极大程度上依赖于温度：温度越高，动得越快。因此，如果你把这个物体放入冰箱的冷藏室或冷冻室，你会看到微粒以很慢的速度在运动。如果你想让它们动得更慢，你必须继续降低冷却温度……

是否存在一个温度值能让这些微粒完全静止下来呢？科学家们计算出，从理论上存在这样的温度：−273.15℃。这个数值被称为**绝对零度**，是一种极限的标志：任何东西都不可能冷却到比 −273.15℃更低的温度，冰箱再高级也不行，什么东西都不行。

−273,15°

−200°

−150°

−100°

−50

绝对零度有多绝对？

当科学家们研究非常非常小的东西时，支配物体行为的法则将不再起作用，而其他法则开始发挥作用，这些法则被称为**量子力学原理**。根据量子力学原理，热运动永远不会停止，当接近绝对零度时，我们已经无法用经典定律来预测事物的行为方式了。

趣闻

至2013年，能够达到的最低温度仅比绝对零度高0,0000000001度。但同年，德国科学家制造出了低于绝对零度的某种气体！①

译者注

①这里是指科学家们实现了“负温度”。负温度是一种反常的能量分布，但其能量仍旧大于绝对零度。

寒冷也会“烧”到你吗？

你有没有某一次从冰柜或冰箱冷冻室取出一样东西，又在手里拿了一段时间？很可能几秒钟后你就觉得必须放手，因为有东西在“烧”你。

确切地讲，这不是烧伤，但过度的寒冷确实会对人体组织造成极大伤害。用手抓住经过长时间冷冻的东西，你手指的温度会大幅下降，皮肤上的特殊感应器随即警告大脑发生了不好的事情。信息传递到大脑，让你觉得那是疼痛感或灼烧感，随即大脑下达指令：“立即松手！”

趣闻

有些人通过训练能够克服不可思议的极限。荷兰“冰人”维姆霍夫有一项令人不寒而栗的吉尼斯世界纪录：他脖子以下的身体沉浸在冰块中坚持了1小时52分钟。

如果你不松手会怎样？

如果你对大脑的信号置之不理或者你根本没办法理会，让手继续暴露在寒冷当中，你的手指会失去知觉，就好像它们睡着了一样。在极端情况下，细胞中的水开始冻结并形成冰晶。由于冰比液态水体积更大，冰晶会长大直到撑破细胞并破坏你的身体组织。

为什么你能看到自己的哈气？

从你嘴里呼出的气体是由几种气体混合而成的，这些气体的温度约为 37℃，即你体内的温度。它包括氧气、二氧化碳、氮气，另外，因为你的肺部环境相当湿润，呼出的还有水蒸气（或者叫气态水）。

你呼气时，如果外界温度很低，水蒸气会迅速冷却变成液态水。这种状态的变化过程叫**液化**，它需要以某种物质为核，在其表面形成液滴。也就是说，当水蒸气遇到飘浮在空气中的微小尘埃，它会冷却并在微粒上凝结形成微小的水滴。所以，如果有大量水蒸气（比如你呼出的气），同时天气非常寒冷，空气中又有足够多的灰尘，就会形成许许多多微小的水滴悬浮在空中，从而产生了有趣的雾。你看到的天空中的云，也是以类似的方式形成的。

趣闻

荷兰艺术家伯恩德纳特·斯米尔德，在封闭的空间里创造出了云彩。他的作品存在时间十分短暂，但非常美丽。幸运的是，这些作品可以通过照片或影片记录下来。

还有什么地方会发生液化现象呢？

当你洗澡时眼前一片雾气，也是因为发生了液化现象。用热水淋浴时，部分液体变成水蒸气，与空气中的气体混合，并随着气体飘到浴室的每一个角落。含有大量水蒸气的空气接触到镜子或其他任何较冷物体的表面时，水蒸气会凝结形成液态小水滴。所以，洗完澡你会注意到整面镜子蒙上了一层雾（实际上到处都是水滴，只不过镜子上的看起来更显眼）。

霜从哪里来?

空气中总是含有一定量的水蒸气，也就是你所熟悉的**环境湿度**。天气变冷时，水蒸气凝结，很冷的水滴飘浮在空气中，湿润你的脸，让你感觉凉凉的。

那些微小的水滴也会停留在植物的叶子上、草坪上，或者街道的地面上。如果天气够冷，它们就凝固起来。这时候会发生另一种状态变化：水从液态转换成固态，变成无数冰晶，一个接着一个，形成非常精细的鳞片状或针状，这就是霜。要发生这种现象，凝结核是非常重要的，冰晶会从那里生长出奇妙的形状。

霜总是会形成吗?

霜的形成至少要满足三个条件：相对湿度大于60%，这样空气中有足够的水蒸气；风小，有利于保存水滴；还有，物体表面温度必须在 0℃以下，这样水滴才能凝固。

趣闻

天气寒冷的时候，不光空气中的水滴会凝固，连大瀑布都会凝固，形成不可思议的冰瀑！美国尼亚加拉瀑布群、南非图盖拉瀑布、冰岛古佛斯瀑布以及很多其他瀑布，冬天都会上演这种奇妙的景象。

雪是怎样形成的?

要形成雪云必须足够寒冷，温度要达到冰点 0℃以下，但又不能过冷，因为空气中还必须有足够的水蒸气。如果温度过低，湖泊和其他水源太冷了，就无法形成足够的水蒸气。在适当的条件下，水蒸气缓慢上升，逐渐冷却变成小水滴。当冰冷的小水滴遇到尘埃微粒或沙土（作为凝结核）时，附着在上面并且凝结形成**小冰晶**。小冰晶上有新的水滴凝结，后来，又来了更多的水滴。就这样，慢慢地冰晶挨着冰晶，形成了雪花。

如果雪云下方的空气温度超过 0℃，雪花降落时会融化，变成“雨夹雪”，甚至变成一场普通的雨。但是，如果空气足够冷，雪花将到达地面，用它们的美丽覆盖一切。

雪花的形状都是一样的吗？

雪花的形状取决于很多变量：湿度、压力、移动它们的气流、温度，等等。由于每片雪花都遵循不同的路径，所处的大气条件也各异，导致每一个晶体都以特定方式生长。因此，很难找到，甚至有人说不可能找到两片完全相同的雪花。

趣闻

威尔逊·本特利花了很多年时间观察雪花。每当下雪时，他就会带上一个冰冷的覆盖着黑色天鹅绒的金属托盘去收集雪花。在家里，他小心翼翼地把每片雪花放到显微镜下观察，并在笔记本上绘出形状。多年以后，1885 年，他成功地将显微镜连接到照相机上，从而获得了超过 5000 张雪花的显微照片。所有雪花的形状真的都不一样！

如何在雪地上行走？

如果你曾经在雪地上行走，就会知道那有多累人：每走一步，你就下陷一点儿，难以前进。为了克服这一难题，人们通常会给鞋子粘上特殊的鞋底——**球拍鞋底**。今天的鞋底都是用轻质合成材料制成，它们的灵感则来源于数百年前使用的一种用木头和皮革制成的鞋子。

球拍鞋底是如何起作用的呢？当你踩下时，你的体重施加在鞋子和地面的接触面上。装上了球拍鞋底，鞋与雪地的接触面积大大增加，从而使你的体重在整个接触面上分散开来，在每单位面积雪地上施加的力量就小得多，这样你下陷得也就少了。

动物们是怎样在雪地上行走的?

生活在寒冷地区的很多动物，不需要装备球拍鞋底也能在雪地里行走。比如北极野兔，它有大大的爪子，还有长长的毛，这样就增加了接触面积，起到了相同的作用。

趣闻

尽管场面令人震惊，但是特技演员躺在钉床上并不会受到伤害：他身体的重量分散在了全部的钉子上，每颗钉子作用在他皮肤上支撑他的力量不足以伤害到他。你要是不相信，准备一个大头针板子，把气球当作特技演员，实验一下吧。

为什么要往路上撒盐？

要是能用一个超级放大镜观察水结成冰的过程，你就会发现过程中水分子会相互靠近，整齐地排列在一起。如果是纯净水，那么从液态到固态的形态变化恰好发生在0℃。但如果你往水里加一点儿盐，这种分子排序则会在更低的温度发生，就好像盐的出现阻碍了水分子形成有序的结构。

同样的现象在其他液体中也会发生，这叫作“**凝固点降低**”。正是这个原因导致了盐水结冰的温度要低于普通水。这就是我们在非常寒冷的城镇里，时常会看到人们往道路上撒盐的原因。它是防止道路结冰的一种有效而且经济的手段，这样能够尽可能地保证道路畅通。

盐水多少度会结冰?

随着你向水里加盐，结冰的温度将不断下降，直到达到某一点，这时候如果你继续加盐，结冰温度反而会再次上升！这个**冰点值最低点**发生在浓度为 23% 的盐水中，温度约为 −21℃，这也是盐水结冰前所能达到的最低温度。有趣的是，这种现象不只发生在盐水里。如果你添加糖、酒精或任何溶于水的物质，都会出现冰点下降的现象。

趣闻

汽车通常使用的防冻液是一种叫乙二醇的液体，把它加入水中使冰点降低，这样即使天气十分寒冷，汽车也能正常工作。

冬眠的动物是如何存活下来的?

冬天里，许多植物的叶子掉光了，地面积雪覆盖，食物匮乏，很多地方不再适合居住。面对这样的情况，有些动物进入**休眠**状态，沉沉地睡去，直到来年春天醒来。实际上，它们并不是所有时间都在睡觉，而是不时醒来一会儿，然后再继续睡觉。

它们是怎么做到的呢？当夏天来临，它们开始增肥，积蓄脂肪是储备能量的一种方式。同时，它们用草和树叶覆盖洞穴，把家布置得舒适而温暖。当寒冬到来，它们进入休眠状态，心跳减缓、体温下降、呼吸变慢。例如，松鼠通常每分钟呼吸 150 次，在冬眠期每分钟只呼吸 4 次；心跳从每分钟 250 次减少到 15 次。动物冬眠时，几乎没有生命体征，它们只消耗很少的能量，即使长时间没有进食也能生存下来。

为什么要把身体蜷缩起来?

动物们为冬眠做好了准备，就会把身体舒舒服服地蜷成一个球。当你觉得冷的时候，一定也是这样蜷缩在床上的。把你的身体蜷起来能减少身体暴露的面积，这样能减少热量损失，你会感到更加温暖。

趣闻

当温度降到0℃以下，林蛙开始冻结：首先是腿，然后到头，最后到心脏！林蛙体内生成的大量糖分起防冻剂的作用，防止水分结晶破坏身体组织。只要身体冻结量不超过65%，林蛙就能安然度过冬天。当春季来临时，林蛙开始解冻，恢复活力，就好像什么都没发生过一样。

所有的动物都能抵御寒冷吗？

当寒冷到来，很多动物不会冬眠，而是迁移到更温暖的地方。比如蓝鲸，夏天徜徉在极地海洋里捕食，当冬天来临，就开始一场奔向赤道的长途旅行。燕子是不知疲倦的旅行者：秋天出发，为了寻找温暖的气候和食物，它们能飞越 12000 千米的距离！

因为长途旅行会消耗大量的能量，鸟儿**迁徙**前会休息并饱餐一顿，有时候甚至能吃下相当于自身正常体重 2—3 倍的食物。尽管已经采取了各种准备措施，但当它们抵达目的地后也会变瘦，精疲力竭。

趣闻

鸟类迁徙冠军当属北极燕鸥：它们每年往返于北极和火地岛①之间。它们一生中飞过的路线长度，几乎相当于从地球到月球一个来回的距离②。

它们怎么知道应该飞向哪里?

鸟类是真正的导航专家。迁徙过程中它们会利用地球磁场、星星的位置和日光的变化来获得定位。它们也能认出地球上的某些标志，如河流、海岸和山脉……甚至有些鸟类会使用嗅觉和听觉获知该飞向哪里。

译者注

①火地岛位于南美洲最南端，距离南极大陆仅 800 千米。

②有资料认为，北极燕鸥一生的迁徙距离可达地球到月球距离的四倍。

天气暖和起来了！

冬天的脚步走远了，天气日渐暖和，是时候该收起大衣、围巾和手套了。植物生长，花朵绽放，动物醒来，新的问题也出现了。其他季节等待着你继续发现科学的奇迹。**回头见！**

谁写了这本书？

瓦莱里娅 1982 年出生于阿根廷的布宜诺斯艾利斯。她小时候很怕冷：冬天上学必须戴只露眼睛的保暖帽、手套和围巾，外套下里三层外三层裹得几乎不能挪步。尽管她试图不让人知道，但还是有人透露说她连睡衣都穿在身上了。

她是布宜诺斯艾利斯大学的化学博士和阿根廷国家科学技术研究理事会的研究员。她是好多本科普读物的作者。她加入了“阿根廷工业科学家”活动，是多家媒体的专栏作家。

她和她的丈夫胡利安、两个孩子——汤米和苏菲，以及小狗“大肚皮”一起住在布宜诺斯艾利斯。她喜欢冬天的下午钻在被窝里读一本好书，只露出鼻子以上的部位，听窗外寒风呼啸而过。

谁画的插图?

哈维尔 1984 年出生于布宜诺斯艾利斯一个寒冷的冬日。也许这就是为什么他时常会受感冒困扰，衣柜里的毛毯比鞋子还多的原因。

他是平面设计师、插画师和布宜诺斯艾利斯大学的设计学教授。虽然他自己肯定不想和熊发生法律冲突，但他仍然认为只有某些动物能冬眠是件不公平的事。

谁译的这本书？

涂小玲 毕业于南京大学西班牙语专业，同年进入中国国际广播电台西班牙语部工作，任中央广播电视总台中国国际广播电台西班牙语副译审，近二十年一直工作在翻译、编辑、记者、播音业务工作一线，策划和主持的节目多次获得中国国际广播新闻奖。

她是一个小男孩的妈妈，平时喜欢陪孩子一起读书，去各地旅行，观察自然，希望给小朋友们翻译更多精彩有趣的童书。